Paul Renard

La Crise de l'aéronautique française

Histoire

 Le code de la propriété intellectuelle du 1er juillet 1992 interdit en effet expressément la photocopie à usage collectif sans autorisation des ayants droit. Or, cette pratique s'est généralisée dans les établissements d'enseignement supérieur, provoquant une baisse brutale des achats de livres et de revues, au point que la possibilité même pour les auteurs de créer des œuvres nouvelles et de les faire éditer correctement est aujourd'hui menacée. En application de la loi du 11 mars 1957, il est interdit de reproduire intégralement ou partiellement le présent ouvrage, sur quelque support que ce soit, sans autorisation de l'Éditeur ou du Centre Français d'Exploitation du Droit de Copie , 20, rue Grands Augustins, 75006 Paris.

ISBN : 978-1979836661

10 9 8 7 6 5 4 3 2 1

Paul Renard

La Crise de l'aéronautique française

Histoire

Table de Matières

Introduction	6
Section I	8
Section II	13
Section III	16
Section V	20
Section VI	24
Section VII	25
Section VIII	27
Section IX	28
Section X	32
Section XI	33

Introduction

Il y a un mois à peine, on pouvait se demander si nous avions perdu l'empire de l'air ? La France, berceau des Mongolfier, des Pilâtre de Roziers, des Meunier, des Giffard, des Dupuy de Lôme, des Charles Renard, pour ne parler que des morts, considérait depuis plus d'un siècle l'atmosphère comme un domaine qui devait lui appartenir un jour. Si la conquête de l'air a de tous temps préoccupé l'humanité, notre pays a joué le rôle principal dans les entreprises qui ont été tentées depuis la fin du XVIIIe siècle pour faire de ce rêve longtemps caressé une réalité tangible ; il semblait donc évident à tous nos compatriotes que le jour où l'on serait parvenu à évoluer à son gré au sein de l'atmosphère, ce seraient les aéronefs français qui, par leur nombre, leur importance, leurs qualités nautiques, occuperaient la première place, et que dans l'océan aérien les Français pourraient se considérer comme chez eux au même titre que les Anglais à la surface de l'océan maritime.

Il ne faut donc pas s'étonner si, à l'automne de 1909, en apprenant qu'il y avait dans le monde une flotte aérienne qui pouvait déjà passer pour supérieure à la nôtre, nous avons éprouvé une déception cruelle et de patriotiques inquiétudes. Elles étaient d'autant plus justifiées, que les navires aériens de nos voisins d'outre-Rhin étaient des engins de guerre ; ce n'était donc pas un simple froissement d'amour-propre que nous devions éprouver, mais des craintes sérieuses de voir notre armée inférieure sous ce rapport à l'égard de l'Allemagne.

Le brillant résultat du circuit de l'Est est de nature à rassurer les moins optimistes. L'aéroplane est en effet né d'hier ; il y a deux ans, à pareille époque, les aviateurs s'essayaient dans des vols timides de quelques minutes et à moins de 10 mètres du sol. Aujourd'hui, nous venons de les voir parcourir près de 800 kilomètres, suivant un itinéraire déterminé, s'élever à plusieurs centaines de mètres de hauteur par-dessus les forêts, les rivières, les collines et arriver à chaque gîte d'étape plus rapidement qu'on n'aurait pu le faire par tout autre mode de locomotion.

En 1908, il ne manquait pas de gens qui, tout en reconnaissant l'intérêt de l'aviation naissante, déclaraient que ce ne serait jamais qu'une curiosité scientifique et tout au plus un sport nouveau ; c'était le petit nombre qui croyait à l'avenir de l'aviation et à son entrée prochaine dans le domaine des applications pratiques. L'événement a donné raison à ces derniers.

Certes, les exploits de Leblanc et d'Aubrun ne sont encore qu'un fait isolé, et il ne s'est trouvé que deux aviateurs pour accomplir entièrement le parcours prévu ; mais les résultats d'une invention nouvelle commencent toujours par être des faits exceptionnels, puis peu à peu ils se généralisent. Il y a deux ans, les pilotes d'aéroplane qui avaient pu se maintenir un quart d'heure de suite dans l'atmosphère étaient au nombre de deux ; aujourd'hui, aucun aviateur n'oserait se vanter d'un pareil exploit tant il semble d'une réalisation facile. Dans un an, les voyages analogues à ceux de Leblanc et d'Aubrun se seront multipliés et paraîtront des choses toutes naturelles.

Le circuit de l'Est n'aura pas fourni l'occasion des premiers voyages en aéroplane proprement dits ; plusieurs mois auparavant, Paulhan était allé de Londres à Manchester, et il y a plus d'un an que Blériot a traversé le Pas de Calais. Néanmoins, cette série d'étapes parcourues à jours fixes montrent tout ce que l'on peut attendre de l'aviation au point de vue pratique. Ce sera certainement le point de départ d'une ère nouvelle, et la France peut être fière du résultat obtenu.

Ce qui, au moins autant que le circuit proprement dit, mérite de fixer l'attention, ce sont les voyages aériens accomplis au cours de cette épreuve par nos officiers aviateurs. Ils n'ont pas pris part au circuit comme concurrents, mais les raids qu'ils ont accomplis prouvent péremptoirement que plusieurs d'entre eux s'y seraient classés en places très honorables. L'ensemble des parcours qu'ils ont effectués est, pour quelques-uns, égal à celui des aviateurs civils. Mais ils ne se sont pas bornés à se rendre d'un point à un autre : ils ont parcouru des itinéraires déterminés en passant, par exemple, au-dessus de Verdun ou de Tout pour se rendre de Mourmelon à Nancy, et en exécutant en cours de route de véritables reconnaissances militaires.

La plupart du temps chaque aéroplane était monté par deux officiers : un pilote et un observateur, comme cela aurait lieu nécessairement en temps de guerre. Tout cela est fait pour nous donner pleine confiance dans l'avenir.

Ce fut d'ailleurs pour le public une véritable révélation. On savait bien qu'au camp de Châlons et en quelques autres points du territoire, les officiers s'exerçaient à l'aviation ; mais on ne se doutait pas de l'ampleur qu'avait prise cet enseignement et des résultats obtenus. Les noms des lieutenant Féquant et Cammermann étaient inconnus hier ; aujourd'hui, ils ont acquis une popularité universelle et de bon aloi.

Il en sera toujours ainsi lorsqu'on fera appel au zèle et au dévouement de nos officiers ; comme toujours ils travailleront en silence, sans se soucier d'une vaine gloire, et tout d'un coup la France aura la satisfaction d'apprendre ce qui s'est fait, et de constater une fois de plus qu'en toutes circonstances elle peut compter sur son armée.

Nous verrons, dans le cours de cet article, pour quelles raisons il ne faut pas encore s'adresser exclusivement aux aéroplanes pour constituer notre flotte aérienne de guerre ; mais le spectacle dont nous venons d'être témoins prouve que ce moment approche, et qu'en attendant qu'ils possèdent toutes les qualités requises au point de vue de la guerre, les aéroplanes militaires peuvent déjà rendre de précieux services.

Ce sont des constatations que je suis heureux de faire au début de cette étude, et si, dans les pages qui vont suivre, j'ai à faire quelques critiques, le lecteur voudra bien ne m'accuser ni de pessimisme, ni d'esprit de dénigrement systématique. En France, on peut quelquefois faire fausse route, mais on sait souvent rentrer dans la bonne voie et on ne doit jamais désespérer de rien.

Section I

Quoi qu'il en soit, on ne peut pas se dissimuler que l'aéronautique militaire traverse en France une crise sérieuse. Pour se rendre compte de son importance et de son issue probable, il est indispensable de savoir quels services on peut attendre des aéronefs aux armées.

On a proposé de les utiliser dans des emplois extrêmement

variés : transport de personnel ou de matériel, signaux visibles à grande distance, bombardement au moyen de projectiles lancés du haut des airs, etc., etc.

En organisant il y a près de 120 ans le corps des aérostiers militaires, le Comité de salut public énumérait les avantages qu'on pourrait tirer de ce nouvel engin, et entre autres la faculté « de lancer des proclamations dans les pays occupés par les satellites des despotes. » Nous ne comptons plus aujourd'hui sur ce procédé pour faire de la propagande politique ; mais il reste d'autres moyens d'utiliser les aéronefs aux armées. Ceux que je viens d'indiquer, et beaucoup d'autres analogues ne sont toutefois que d'un usage exceptionnel. La véritable manière à la guerre de se servir des navires aériens est de les employer aux reconnaissances et aux observations ; ils doivent être l'œil de l'armée, et il n'est pas besoin d'insister longuement pour comprendre les immenses avantages que l'on peut tirer de semblables observatoires.

La grande difficulté pour un général en chef est en effet de connaître les intentions de son ennemi, les dispositions de ses troupes et les mouvements qu'elles exécutent. Tous les procédés anciens d'exploration, reconnaissances de cavalerie, espions, prisonniers de guerre, correspondances saisies, sont sujets à caution, et ne donnent en tout cas que des renseignements de détail forcément incomplets. Les reconnaissances de cavalerie, en particulier, viennent se heurter en certains points à la résistance de l'adversaire ; en centralisant les renseignements qu'elles donnent, on peut tracer sur la carte une ligne limitant la zone occupée, à un moment donné, par les troupes ennemies. Mais qu'y a-t-il derrière ce rideau ? en quel point se trouve la masse importante ? de quel côté l'adversaire va-t-il diriger son attaque ? La cavalerie est absolument impuissante à nous le dire. Aussi, de tout temps, a-t-on cherché à s'élever de manière à plonger ses regards sur la zone occupée par l'ennemi, et à constater *de visu* l'emplacement de ses troupes. Les arbres, les clochers, les collines ont toujours été recherchés comme observatoires militaires, et dans tous les tableaux de bataille, on voit le général et son état-major sur une sorte de tertre d'où il embrasse l'ensemble du théâtre de la lutte. Mais ces observatoires terrestres ne dominent, en général, que d'une faible hauteur le terrain à observer ; les rayons visuels y arrivent sous une incidence rasante, et des obstacles de faible hauteur tels que des haies, des forêts, des maisons, des plis de terrain, suffisent à dissimuler les troupes aux yeux des observateurs.

Dès l'invention des ballons, on fut frappé des services que ces « nouvelles machines, » comme on disait alors, pouvaient rendre aux armées. A cette époque, on ne pouvait les utiliser que de deux manières : à l'état libre ou à l'état captif.

Les aérostats libres sont le jouet du vent : toutefois, en choisissant convenablement le point de départ, on peut, dans certaines circonstances, faire passer un ballon libre au-dessus d'une zone à observer ; mais l'aérostat libre va toujours où le vent le mène, et il est incapable de revenir rendre compte de sa mission à celui qui l'a envoyé. Les renseignements qu'il recueille ne peuvent donc être transmis qu'en faisant de grands détours par voie de terre, ou en franchissant les lignes ennemies, ou encore par voie aérienne au moyen de pigeons voyageurs. Tous ces procédés sont lents, précaires, et jamais le ballon libre ne sera un engin pratique de reconnaissances militaires. Ses applications à la guerre ont été d'un tout autre ordre ; il en est une célèbre dans l'histoire, c'est l'emploi des aérostats pendant le siège de Paris, en 1870-71, pour faire communiquer la capitale investie avec le reste de notre territoire. Ils rendirent alors des services énormes, et ce fut la plus belle page de leur histoire militaire, sinon la seule.

En raison de ces inconvénients du ballon libre, on songea naturellement à utiliser les aérostats à l'état captif. Maintenu ainsi à proximité de l'état-major qu'il est destiné à éclairer, le ballon peut lui faire parvenir rapidement ses renseignements ; en revanche, il est obligé d'avoir son point d'attache sur le terrain occupé par les troupes amies, c'est-à-dire à une assez grande distance de l'ennemi ; il ne domine donc pas verticalement ses positions, mais les observe de loin.

Grâce à sa faculté de monter à plusieurs centaines de mètres, les rayons visuels partant de la nacelle jusqu'à la zone à observer sont plus relevés que ceux qui viennent d'un observatoire terrestre d'une hauteur de quelques dizaines de mètres. Néanmoins, la zone d'observation d'un ballon captif est assez limitée : à partir d'une distance égale à dix ou quinze fois sa hauteur, il ne peut voir le terrain que sous une incidence rasante, et les renseignements qu'il peut donner sont forcément incomplets. En somme, le ballon captif est un observatoire terrien perfectionné en ce sens qu'il est plus élevé que ceux dont on dispose ordinairement, et que de plus il est transportable ; cependant, il subit, bien qu'à un degré moindre, les inconvénients inhérents à ceux-ci.

Dès lors, il ne faut pas s'étonner si l'emploi des ballons captifs aux armées à la fin du XVIIIe siècle eut un succès relatif. Après quelques années, leur suppression fut décidée, d'abord sur la demande de Hoche, et plus tard d'une façon définitive par Napoléon Ier. Pourquoi ces hommes de guerre, dont nul ne peut discuter le mérite, renoncèrent-ils à ce nouvel engin d'observation ? C'est parce qu'à leur avis les services rendus n'étaient pas en proportion avec la gêne que causaient les ballons captifs et leur manœuvre. Dans l'étal de la science, à cette époque, les ascensions, les transports, se faisaient à bras, ce qui était pénible et fatigant ; mais le plus gros inconvénient consistait certainement dans la difficulté de la production de l'hydrogène en campagne, et du gonflement du ballon. Pour procéder à cette opération, il fallait passer plusieurs jours à construire un fourneau en briques, et d'autres journées à faire l'opération chimique proprement dite. C'était au bas mot une grande semaine d'immobilisation pour chaque gonflement. Aussi l'opération était-elle renouvelée le plus rarement possible ; on était par suite condamné à transporter le ballon gonflé avec les moyens rudimentaires dont on disposait. Les aérostiers militaires étaient surmenés, et, malgré toute leur bonne volonté, le ballon ralentissait la marche des troupes. Un homme comme Bonaparte qui aimait à la guerre les mouvements rapides ne pouvait pas s'accommoder d'un semblable matériel.

Aujourd'hui, il n'en est plus de même ; grâce aux progrès de la chimie et de la mécanique, on peut transporter le gaz comprimé dans des tubes d'acier placés sur des voitures ou des wagons de chemin de fer ; en moins d'un quart d'heure, le ballon est gonflé ; en une demi-heure, il est équipé et prêt à s'élever dans les airs. Les ascensions se font mécaniquement au moyen de treuils à vapeur, installés sur des voitures qui servent en même temps au transport du ballon sans fatiguer les hommes. Les progrès de la métallurgie ont permis de construire des râbles en acier à la fois solides et légers avec lesquels ou atteint un kilomètre de hauteur au lieu des 500 mètres auxquels se bornaient les ascensions il y a cent ans. Au moyen du téléphone, l'observateur peut être en communication permanente avec le sol, et par suite avec le général et son état-major. Enfin, la photographie permet de fixer rapidement les observations, et souvent de constater, grâce à un examen attentif, des particularités qui avaient pu échapper aux regards de l'officier observateur. Grâce à tous ces avantages, les ballons captifs peuvent aujourd'hui rendre aux armées des services remarquables ; el, en raison de la rapidité et de la commodité du gonflement, ils ne doivent jamais être une gêne, car on n'hésite pas à les dégonfler dès l'instant qu'ils deviennent un embarras.

Mais, à côté de ces conditions favorables, les parcs militaires de ballons captifs rencontrent à notre époque des difficultés qui étaient inconnues des aérostiers de la première République. Ceux-ci n'étaient gênés dans le transport du ballon que par les arbres qui bordaient les routes, et quelquefois par des portes de villes fortifiées qu'il s'agissait de franchir. Aujourd'hui, nos chemins sont constamment traversés par des obstacles qui les dominent, et notamment par des ponts de chemins de fer, des lignes télégraphiques, ou, ce qui est plus grave, par des câbles de transport d'énergie électrique. On est arrivé par des manœuvres appropriées à exécuter ces franchissements avec rapidité ; ils n'en sont pas moins une gêne pour le transport du ballon gonflé.

Un autre inconvénient beaucoup plus grave résulte des progrès de l'artillerie. Le ballon captif a son point d'attache sur le sol, et ce point doit être à peu près à l'abri des projectiles ennemis. Or, en 1792, il suffisait de s'éloigner de quelques centaines de mètres des batteries de l'adversaire pour être dans une sécurité complète ; aujourd'hui, c'est à cinq ou six kilomètres qu'il faut se maintenir. Le terrain qu'on a à examiner est donc à une grande distance de l'observateur aérien, et malgré la faculté de s'élever à 800 et 1 000 mètres, on ne domine pas encore suffisamment la zone occupée par l'ennemi. Les renseignements fournis par le ballon captif sont donc moins complets qu'il y a cent ans, car si l'on peut s'élever deux fois plus haut, il faut se tenir dix fois plus loin de l'adversaire.

Comme engin de reconnaissance, le ballon captif n'est donc aujourd'hui qu'un procédé précaire et insuffisant.

Section II

Il en est tout autrement du navire aérien dirigeable. Qu'il soit plus lourd ou plus léger que l'air, l'aéronef peut en effet se transporter au-dessus de la zone occupée par l'ennemi, y séjourner tout le temps qu'il le juge nécessaire, et rapporter au général en chef toute une moisson de renseignements, de photographies, de croquis, d'un prix inappréciable. On comprend l'avantage énorme qu'un général habile peut tirer d'une semblable source d'informations. S'il est seul pourvu d'une flotte aérienne, la lutte est assimilable, suivant une comparaison bien souvent répétée, à une partie d'échecs dans laquelle un des deux joueurs aurait seul la permission de voir l'échiquier dont la vue serait dérobée à son adversaire ; l'issue d'une semblable partie ne serait pas douteuse.

Aussi, depuis longtemps, les militaires ont-ils appelé de leurs vœux la réalisation de la navigation aérienne par le plus léger ou par le plus lourd que l'air ; mais, pendant longtemps, ce desideratum était considéré comme un rêve chimérique.

C'est dans l'armée française que se sont rencontrés tout d'abord les hommes de foi qui, malgré les probabilités contraires, ont poursuivi la réalisation de cette prétendue utopie. Dès 1872, le lieutenant Charles Renard avait attiré l'attention de ses chefs par des études remarquables sur la navigation aérienne. En 1875, une commission spéciale présidée par le colonel Laussedat fut créée au ministère de la Guerre pour étudier la question sous toutes ses faces. Charles Renard, récemment nommé capitaine, fut désigné comme secrétaire. Seul de ses collègues il apportait des idées précises sur la question, et, dès la première séance, il parla de ballons dirigeables comme première étape, et d'appareils d'aviation pour l'avenir. Il s'aperçut bien vile qu'il faisait fausse route, et qu'en continuant il acquerrait la réputation d'un rêveur dont les idées devaient être combattues comme irréalisables. Il changea résolument son fusil d'épaule, et, quoi qu'il pût lui en coûter, se résigna pendant plusieurs années à s'occuper exclusivement de ballons libres et de ballons captifs, dont il renouvela, d'ailleurs, de fond en comble la technique, et dont il soumit la construction et les manœuvres à des règles précises et rationnelles.

Cette période ne fut pas complètement perdue pour le but principal. En étudiant dans tous les détails des engins d'une valeur secondaire, il acquit une compétence toute spéciale dans les constructions aéronautiques, et devint ainsi capable d'entreprendre l'étude d'un dirigeable sans être arrêté à chaque instant par des difficultés techniques. Il avait donné sa mesure comme inventeur et ingénieur, et vers 1879, il put sans crainte du ridicule, parler de nouveau d'aérostats dirigeables. Néanmoins, la crainte d'un échec et la routine administrative auraient sans doute pendant longtemps paralysé ses efforts, s'il n'avait rencontré un appui tout à fait inattendu en la personne de Gambetta, alors président de la Commission du budget. C'est grâce au tribun qu'un crédit fut volé et mis à la disposition du jeune officier pour construire le premier dirigeable digne de ce nom. Quelques années plus tard, en 1884 et 1885, le dirigeable *la France* exécutait plusieurs voyages avec retour au point de départ par ses propres moyens, fait qui, jusqu'alors, était sans précédent et passait de plus pour irréalisable.

Ces expériences eurent un grand retentissement, et dès lors, parmi les spécialistes et le grand public, on cessa de traiter d'utopie la direction des aérostats. Des esprits sages considérèrent désormais le problème non plus comme insoluble, mais comme ayant reçu une première solution susceptible de perfectionnements dans l'avenir.

Ces perfectionnements se firent attendre. Le dirigeable de 1884 avait une vitesse insuffisante, et ne pouvait rester en l'air qu'une heure et demie ou deux heures ; il lui était donc impossible de rendre aux armées des services réels. Il fallait perfectionner ce premier appareil, et à cette époque, il y avait pour résoudre ce problème technique une question qui dominait toutes les autres, celle du moteur à la fois puissant et léger.

À l'heure actuelle où l'on entend parler couramment de moteurs pesant 10 kilos, 5 kilos, 3 kilos par cheval, il est difficile de se rendre compte des difficultés du problème il y a vingt-cinq ans. Les moteurs les plus légers employés vers 1885 pesaient au moins 200 kilogrammes par cheval. Si Charles Renard avait pu faire évoluer un dirigeable, c'est parce qu'il avait imaginé une pile électrique grâce à laquelle le poids du cheval avait pu descendre au chiffre, très faible alors, de 44 kilos. On put, grâce à cette découverte, embarquer 9 chevaux à bord de *la France*, ce qui eût été impossible avec tout autre moteur.

Mais ces neuf chevaux ne donnaient qu'une vitesse insuffisante ; il en aurait fallu une soixantaine pour constituer un aéronef pratiquement utilisable. Le poids du moteur par cheval devait descendre aux environs de 10 kilogrammes, même de 5 ; on était donc loin du compte. Aussi Charles Renard fut-il dès lors bien convaincu que la première chose à faire était de chercher des moteurs de plus en plus légers ; tant qu'on ne les aurait pas, on ne ferait que répéter d'une façon plus ou moins sensationnelle, mais sans aucun profit réel, les expériences de 1885. S'il n'avait eu en vue que sa réputation personnelle, il aurait eu tout intérêt à exécuter de nouveaux voyages aériens ; mais il estimait qu'en conscience, cette manière d'opérer serait un véritable gaspillage des deniers de l'État, et il préféra s'adonner exclusivement aux recherches silencieuses relatives à l'allégement des moteurs. C'est ce qui explique son inaction apparente après le brillant succès de ses premières tentatives.

Le moteur léger tant désiré par les aéronautes devait leur être fourni par une industrie nouvelle, l'automobilisme, et vers la fin du XIXe siècle on songea de toutes parts à utiliser les merveilleux moteurs à essence pour la propulsion des aérostats.

Ce n'est pas ici le moment de retracer toutes les tentatives qui furent faites en France et à l'étranger. C'est au début du XXe siècle qu'elles prirent corps, et grâce aux Santos-Dumont et aux Lebaudy, malgré quelques catastrophes et un certain nombre d'insuccès, tout le monde fut bientôt convaincu que les aérostats dirigeables allaient entrer dans la pratique courante.

Les années ne pouvaient pas rester indifférentes à cette évolution ; aussi, vit-on partout les gouvernements encourager les recherches de navigation aérienne, faciliter les manœuvres des dirigeables, dresser à leur emploi le personnel militaire, en construire dans leurs établissements ou en commander dans l'industrie privée. L'intérêt de la question n'était mise en doute par personne.

Tout le monde se rappelle le voyage du dirigeable *Patrie* de Paris à son port d'attache de Verdun. On sait aussi comment cette première unité pour ainsi dire réglementaire de notre flotte aérienne fut perdue à la suite d'une bourrasque. Mais ce n'était qu'une perte matérielle ; la *Patrie* fut bientôt remplacée par la *Ville de Paris*, et l'accident fut oublié.

Section III

Telle était la situation vers le commencement de 1907. A partir de cette époque nous vécûmes dans la persuasion que notre flotte aérienne irait en se développant progressivement et que nous pourrions maintenir notre avance sur les étrangers. Nous savions bien qu'en Allemagne on ne restait pas inactif, et les essais des immenses dirigeables à carcasse métallique du comte Zeppelin ne pouvaient pas passer inaperçus ; mais nous considérions, avec raison d'ailleurs à mon avis, que ce système de construction lourd, coûteux et encombrant ne devait pas être imité. Nous plaisantions volontiers ce colossal aéronef qui n'osait jamais s'écarter du lac de Constance, et prendre le contact du sol ; et nous étions bien persuadés que les dirigeables français valaient mieux que ceux de nos voisins.

Nous avions du reste le plaisir de constater à intervalles assez rapprochés l'apparition de nouvelles unités. *La République*, le *Clément-Bayard* évoluaient de temps à autre d'une manière satisfaisante. En Allemagne, outre les ballons Zeppelin, on construisait des dirigeables d'un modèle différent, tels que ceux de Gross ou de Parseval ; mais, nous nous en inquiétions d'autant moins que, parfois, un accident retentissant nous permettait de souligner l'infériorité de nos émules.

Du commencement de 1907 jusque vers le milieu de 1909, nous nous intéressions certainement aux dirigeables, nous constations avec satisfaction l'accroissement et les progrès continus de notre flotte aérienne, niais ce n'était pas pour l'opinion publique française une préoccupation intense.

Un événement inattendu vint, d'ailleurs, détourner l'attention du grand public. De tous temps, le système du plus lourd que l'air, l'aviation, avait eu ses partisans convaincus. J'ai même entendu plusieurs d'entre eux déclarer que la découverte des Montgolfier avait été néfaste ; elle avait orienté les chercheurs dans la voie de la direction des aérostats qui ne pouvait donner que des déceptions, tandis que la vraie, la seule solution du problème de la navigation aérienne consistait dans l'emploi des appareils plus lourds que l'air. Opinion exagérée, selon moi : je suis persuadé qu'il y aura longtemps encore dans l'atmosphère place pour des aéronefs de tous systèmes. Néanmoins, l'idée de la supériorité de l'aviation était instinctive dans notre pays. Aussi, dès qu'on entendit parler d'aéroplanes qui enlevaient des hommes, et parcouraient plusieurs centaines de mètres, on s'y intéressa vivement, et les dirigeables furent instantanément relégués au second plan dans l'opinion générale.

Les merveilleux progrès accomplis en 1908, année mémorable au cours de laquelle les trajets exécutés en aéroplanes ont passé de 1 kilomètre à plus de 120, ne firent qu'orienter davantage les esprits du côté du plus lourd que l'air.

Après quelques mois de recueillement, au début de 1909, les aviateurs reprirent leurs exploits avec une ardeur nouvelle. La traversée de la Manche par Blériot, les admirables performances accomplies aux portes de Reims pendant la grande semaine de Champagne, semblèrent consacrer définitivement la supériorité de l'aviation sur l'aérostation.

Cet enthousiasme, justifié d'ailleurs, de l'opinion publique devint contagieux, et il fut partagé par des personnages qui auraient peut-être dû réagir contre cet emballement et chercher à examiner les choses de plus près. Nous voulons parler du ministre de la Guerre et des officiers qui, sous ses ordres, avaient la responsabilité des destinées de notre aéronautique militaire. Beaucoup d'entre eux en arrivèrent à se demander si, en présence des progrès de l'aviation, il fallait continuer à s'engager dans la voie douteuse des dirigeables, et s'il n'était pas préférable d'attendre des aéroplanes la solution du difficile problème de l'aéronautique militaire.

Section IV

Le mois de septembre 1909 vit s'ouvrir la crise aéronautique actuelle. Nous étions encore sous l'émotion des triomphes des aéroplanes en Champagne, quand la mort d'un des pionniers de l'aviation, le capitaine Ferber, vint jeter sur nos têtes un voile de deuil. Quelques jours après, ce n'était plus un accident isolé, mais une véritable catastrophe, la perte du dirigeable *République* et de son équipage, qui venait nous frapper. La foi dans la conquête de l'air fut peut-être ébranlée dans certains esprits, et notre confiance en nous-mêmes, si complète le mois précédent, se trouvait diminuée. C'est dans cet état dame que nous apprîmes sans nous y attendre les projets de nos voisins d'outre-Rhin ; ils mobilisaient une véritable flotte aérienne, au moyen de laquelle ils allaient exécuter des manœuvres de plusieurs jours. Ces manœuvres eurent lieu ; malgré des accidents et des accrocs inévitables, elles furent satisfaisantes dans leur ensemble ; l'Allemagne en triompha bruyamment, suivant son habitude.

En France, on fut presque atterré. Les journaux parlèrent avec éloges des manœuvres allemandes, et notre infériorité fut soulignée d'une façon peut-être exagérée. Il était malheureusement vrai qu'à l'automne de 1909, nous aurions été incapables de mettre en ligne autant de dirigeables que les Allemands, et d'exécuter les manœuvres auxquelles s'était livrée leur flotte aérienne.

L'opinion publique s'en émut, et légitimement. Un aéronaute français, M. Capazza, qui avait assisté aux évolutions des dirigeables allemands, se fit le porte-paroles de l'inquiétude générale. Peut-être apporta-t-il dans cette campagne un peu d'exagération méridionale. On ne saurait méconnaître néanmoins qu'il rendit alors un véritable service dont tous les patriotes doivent lui être reconnaissants ; il contribua à secouer la torpeur de l'opinion publique, et il en résulta un mouvement, confus d'abord, mais dont les conséquences auront été certainement heureuses.

La presse ne fut pas seule à se mettre en branle. Los sociétés aéronautiques s'émurent de la situation et cherchèrent à y remédier ; des démarches furent faites près des pouvoirs publics : dans les deux Chambres, des groupes se formèrent pour favoriser la navigation aérienne. Dans ces groupes, des sénateurs et des députés, appartenant à toutes les nuances de l'opinion politique, se rencontrèrent et cherchèrent ensemble de bonne foi le moyen de sortir avantageusement de la crise actuelle. Des interpellations eurent lieu, le gouvernement promit de s'occuper de la question, quelques crédits furent votés pour encourager la navigation aérienne, des décorations furent distribuées aux aviateurs et aux aéronautes, tout le monde fit assaut de bonne volonté.

Néanmoins, le résultat tangible se fit longtemps attendre. En fait, depuis le commencement d'octobre jusqu'à la fin de mars 1910, c'est-à-dire pendant six mois, on a beaucoup parlé » on a beaucoup écrit, on a réuni de nombreux auditoires pour les entretenir de la crise actuelle de l'aéronautique militaire en France, les démarches ont été multipliées auprès des pouvoirs publics ; le résultat fut nul ou à peu près.

A quoi tient le prolongement regrettable d'une situation reconnue fâcheuse par tout le monde ? En partie peut-être au scepticisme de nos dirigeants. Il semble en effet qu'au lieu de guider en cette matière l'opinion publique et de la précéder, ils aient attendu d'être impérieusement poussés par elle. Mais la véritable cause de ce retard regrettable, c'est l'incertitude sur les moyens à employer pour sortir de notre état d'infériorité relative. Devait-on chercher la solution du problème dans l'emploi des dirigeables ou dans celui des aéroplanes ? et, en adoptant l'une ou l'autre des solutions, quel genre d'appareils y avait-il lieu d'employer ? Enfin, comment organiser notre service aéronautique militaire ? Telles sont les questions que se posèrent pendant des mois entiers les Pouvoirs publics, et le ministère de la Guerre en particulier, sans parvenir à les résoudre. Pour mon compte, je pense que la solution aurait dû être trouvée rapidement, qu'elle s'imposait aux esprits réfléchis et initiés à la question, et que depuis plusieurs mois nous aurions dû cesser de délibérer pour agir vigoureusement, en employant les moyens nécessaires en vue de parer à la situation actuelle. S5i l'on avait eu au ministère de la Guerre, au point de vue technique, des idées précises qu'il était possible d'avoir et qui avaient été énoncées depuis longtemps, on ne se serait pas laissé surprendre par l'Allemagne, et on aurait pu, dès le commencement de 1908 ou de 1909, constituer largement notre flotte aérienne militaire, et lui donner une organisation incomparable.

Ce qu'on aurait dû faire, il y a près de deux ans, il est encore temps, je l'espère, de le faire aujourd'hui.

Section III

Section V

L'année dernière, j'ai entretenu les lecteurs de la *Revue* de ce qui constitue la supériorité d'un navire aérien ; on se souvient peut-être de la conclusion de cet article d'après lequel la vitesse propre, c'est-à-dire la vitesse mesurée par rapport à l'air ambiant supposé immobile, est le véritable critérium de la valeur d'un aéronef.

Cette qualité est d'une importance capitale, car sans elle la direction dans l'océan aérien est forcément précaire. Lorsqu'il s'agit d'aéronefs militaires, la vitesse propre présente un intérêt tout particulier ; nous verrons plus loin, en effet, que, pour se débarrasser de ces observatoires très gênants pour lui, l'ennemi sera forcé d'aller attaquer les navires aériens dans leur propre élément, c'est-à-dire au sein même de l'atmosphère, en envoyant contre eux d'autres aéronefs. On doit donc s'attendre dans les guerres de l'avenir à voir des combats aériens, comme il y a des combats navals. Or, bien que l'on n'ait encore aucune expérience à ce sujet, il semble évident *a priori* que la victoire appartiendra au plus rapide. Il sera en effet maître d'imposer le combat à l'adversaire ou de le refuser, s'il ne se sent pas en force ; il choisira donc son jour et son heure. Lorsqu'un aéronef se croira assuré de sa supériorité contre son ennemi, si sa vitesse propre est plus grande que la sienne, il l'atteindra forcément, et une fois qu'il l'aura joint, il ne laissera pas à l'adversaire la possibilité de s'échapper. Si, au contraire, l'aéronef ennemi semble devoir remporter la victoire, le premier n'aura qu'à fuir à grande allure et il sera impossible à son antagoniste de le rattraper.

Il convient, d'ailleurs, de remarquer qu'il ne s'agit ici que de la vitesse propre ; le vent n'a rien à voir dans la question. Si un aéroplane français part de Toul pour aller attaquer un dirigeable allemand stationnant au-dessus de Metz, et si l'on suppose que l'aéroplane a une vitesse propre de 70 kilomètres à l'heure, tandis que le dirigeable n'en a que 50, dès que celui-ci se sera aperçu de la poursuite dont il est l'objet, il se hâtera de fuir ; au bout d'une heure, il se sera éloigné de 50 kilomètres, mais pendant ce temps-là l'aéroplane se sera rapproché de 70, et finalement la distance qui les séparait primitivement aura diminué de 20 kilomètres. La distance au début étant de 50 kilomètres environ, elle ne sera plus que de 30 une heure plus tard ; au bout d'une deuxième heure, elle sera réduite à 10, et une demi-heure après, les deux adversaires seront en contact. À partir de ce moment, l'aéronef le plus rapide n'aura qu'à modérer sa vitesse, et il restera constamment à proximité de son adversaire. Celui-ci, au contraire, ne pourra pas lui échapper.

Si pendant cette poursuite l'air est absolument calme, les deux navires aériens se rencontreront après que le dirigeable aura fait deux fois et demie 50 kilomètres, c'est-à-dire 125, et c'est à quelque distance au sud de Trêves que le combat aérien aura lieu.

Si au contraire, comme ce sera le cas général, le vent souffle avec une certaine vitesse, vers l'Ouest par exemple, en même temps que l'aéroplane s'élancera à la poursuite du dirigeable, il sera transporté ainsi que son adversaire vers l'Ouest avec la vitesse du vent, et si l'on suppose que ce vent fait 25 kilomètres à l'heure, le point de la rencontre sera à soixante et quelques kilomètres à l'Ouest de la position primitivement calculée, c'est-à-dire aux environs d'Arlon dans le Luxembourg belge. Mais cela n'empêchera pas l'aéroplane d'avoir gagné à chaque heure 20 kilomètres sur son adversaire, et la rencontre aura lieu comme dans le cas de l'air calme au bout de deux heures et demie. Quelles que soient la vitesse et la direction du vent, celui-ci n'aura d'autre influence que de changer le lieu du combat : l'heure de la rencontre et l'issue de la lutte resteront les mêmes.

De tout ce qui précède, le point à retenir est que la vitesse est une qualité plus importante pour les aéronefs militaires que pour les autres.

À ce point de vue, les aéroplanes ont aujourd'hui une supériorité incontestable sur les dirigeables ; il semblerait donc qu'il convient de leur donner la préférence pour constituer notre flotte aérienne. Ce sera probablement vrai dans quelques années ; mais, à l'heure actuelle, cette conclusion serait prématurée.

L'importance de la vitesse ne doit pas nous faire négliger les autres qualités. Parmi celles-ci, il en est deux qui, au point de vue militaire, présentent une importance toute particulière : le rayon d'action, et l'altitude.

Le rayon d'action est, comme on le sait, la faculté de couvrir un

Section V

itinéraire de grande étendue sans être obligé à faire escale. En vue des reconnaissances stratégiques qui leur seront confiées, on est d'accord aujourd'hui pour estimer que les aéronefs doivent pouvoir s'éloigner de leur point de départ d'au moins 200 kilomètres et y revenir sans toucher terre. Si l'on y ajoute les circuits et les zigzags qu'ils sont obligés de faire pour explorer à fond le terrain dont ils ont la surveillance ; si, de plus, on tient compte du vent qui, lorsqu'on exécute un circuit fermé, est toujours une gêne pour le navire aérien, gêne qui se traduit par une augmentation de la durée du voyage, on arrive à conclure que l'aéronef militaire doit pouvoir exécuter en air calme au moins 600 kilomètres sans reprendre contact avec le sol.

Or, comment obtenir un rayon d'action suffisant ? C'est une question de capacité de transport ; on doit pouvoir embarquer à bord du navire aérien la quantité de combustible et d'huile nécessaire pour marcher pendant un temps donné. Si l'on veut exécuter 600 kilomètres avec une vitesse propre de 50 kilomètres à l'heure, un approvisionnement de 12 heures est indispensable.

A cette charge, il faut en ajouter une autre. La fonction de pilote suffit pour absorber l'attention d'un homme ; si le voyage est de longue durée, il est même nécessaire d'avoir deux pilotes qui sont alternativement de service. Pour exécuter des reconnaissances militaires, il doit donc y avoir à bord de l'aéronef des personnages tout à fait distincts de l'équipage proprement dit ; ce sont généralement des officiers d'état-major spécialement chargés des observations aériennes. Pour eux aussi, le service absorbe complètement leur attention, et, pour de longs voyages, il sera nécessaire d'avoir deux observateurs qui se reposent à tour de rôle. Nous sommes donc amenés à embarquer à bord d'un aéronef militaire au moins quatre personnes. Cet effectif est suffisant pour les aéroplanes qui n'exigent qu'un seul homme occupé à la manœuvre ; pour les dirigeables, il en est autrement ; l'expérience apprend qu'il faut avoir un mécanicien et un pilote ; avec la nécessité de la relève, l'équipage doit donc se composer de quatre hommes, ce qui avec les deux observateurs fait un total de six personnes. Les aéronefs militaires doivent posséder la capacité de transport suffisante pour porter ce personnel et l'approvisionnement nécessaire à la marche. Si la capacité de transport est une qualité positive, la faculté de naviguer à une altitude élevée est, au point de vue militaire une qualité plutôt négative. Certes, il peut y avoir intérêt au point de vue des observations à s'élever à grande hauteur ; toutefois, en dehors des pays de montagnes proprement dits, lorsque l'on est à 4 ou 500 mètres et que l'on a la faculté d'évoluer à son gré, on domine assez le terrain pour en observer les replis les plus cachés sans éprouver le besoin de s'élever plus haut.

Mais en se tenant à ces hauteurs modérées, les navires aériens constituent un but trop facile pour les projectiles de l'artillerie ennemie. Leur vitesse de translation gêne certainement le réglage du tir ; elle ne le rend pas impossible ; le seul moyen d'échapper au feu de l'adversaire est de s'élever assez pour se mettre hors de portée. Théoriquement, il faudrait monter à près de 3 000 mètres pour se procurer une immunité absolue ; mais on considère que dans la pratique une telle élévation ne sera pas nécessaire, et qu'en naviguant à 1 500 mètres, on aura très peu de chances de recevoir des projectiles.

Quoi qu'il en soit, l'ennemi ne renoncera pas à détruire nos aéronefs ; mais il sera obligé de venir les attaquer dans leur élément au moyen d'autres navires aériens. Comme il en aura besoin lui-même pour effectuer des reconnaissances, il ne pourra pas toujours les immobiliser dans des poursuites ; dans tous les cas, s'il veut détruire les flottes adverses, il faudra qu'il s'en donne la peine, et qu'il risque de compromettre ses propres dirigeables ou ses aéroplanes de guerre. Si des aéronefs militaires étaient incapables de s'élever à la hauteur de 1 500 mètres, ils rendraient la tâche de l'ennemi trop facile, et leur rôle effectif serait sans doute de courte durée.

Nous devons donc constituer notre flotte aérienne avec des unités susceptibles de naviguer pendant 600 kilomètres de suite, montées par quatre ou six personnes, capables de se maintenir à 1 500 mètres d'altitude, au moins pendant une grande partie de la route, et enfin douées d'une vitesse propre égale, sinon supérieure, à celle de l'adversaire.

Section VI

Parmi les navires aériens existant actuellement en France ou à l'étranger, quels sont ceux qui possèdent ces trois qualités militaires à un degré suffisant ? À l'heure actuelle, il n'en existe pas : tous laissent à désirer sous le rapport du rayon d'action ou sous celui de l'altitude.

Qu'il s'agisse d'aéroplanes ou de dirigeables, il faudra donc perfectionner les engins dont nous disposons aujourd'hui. Pour améliorer les aéroplanes, il n'y a pas de procédé spécial à employer ; ces engins sont en effet d'une telle souplesse qu'on peut à volonté utiliser d'une manière quelconque leurs propriétés générales. Le même aéroplane peut faire de la vitesse, de l'altitude, du rayon d'action suivant la volonté de son pilote, mais le tout dans des limites déterminées. On ne peut pas lui imposer une charge supérieure à un poids donné ; si on lui donne la charge maxima, il lui sera impossible de s'élever, et il en est de même de toutes les qualités possibles. Mais lorsqu'on aura perfectionné l'aéroplane, on pourra utilisera son gré l'amélioration réalisée, soit à faire plus de vitesse, soit à porter davantage ou à augmenter le rayon d'action, soit à s'élever plus haut, soit enfin à combiner dans une certaine mesure ces diverses performances. On doit donc attendre que les aéroplanes se perfectionnent, et ils le font d'une manière continue ; à un moment donné, ils auront fait des progrès suffisants pour qu'on puisse leur demander tout ce qui est nécessaire. À quelle époque en sera-t-il ainsi ? Il est impossible de le préciser, car tout dépend de la rapidité d'évolution de ces appareils nouveaux. Sera-ce dans trois ans, dans cinq ans, dans dix ans ? On peut faire là-dessus tous les pronostics qu'on voudra : il serait téméraire d'affirmer quoi que ce fût.

S'il s'agit de dirigeables, il en est tout autrement. Parmi les trois qualités militaires essentielles, l'accroissement de vitesse sera le résultat de perfectionnements progressifs : ils resteront néanmoins toujours inférieurs aux aéroplanes. Mais, si l'on veut leur donner un grand rayon d'action, ou la faculté de s'élever à une altitude déterminée et de s'y maintenir pendant plusieurs heures, il y a pour cela un procédé infaillible, qui est d'augmenter leur volume.

Chaque mètre cube ajouté augmente d'environ un kilogramme la capacité de transport ; avec 70 mètres cubes de plus, on enlève un passager supplémentaire ; avec 100 mètres cubes, on emporte un approvisionnement complémentaire de 100 kilogrammes d'essence ou d'huile, c'est-à-dire qu'on augmente la durée du voyage ; ou bien encore, on embarque 100 kilogrammes de lest qui permettront de s'élever à cent ou deux cents mètres plus haut. On pourra donc, le jour où on le voudra, donner aux dirigeables les qualités militaires de rayon d'action et d'altitude qui leur manquent aujourd'hui, et constituer grâce à eux de véritables flottes aériennes militaires, qui assureront l'empire de l'air à leurs possesseurs.

Telle est du moins la théorie : en fait, tout n'est pas bénéfice dans une augmentation de volume ; le poids de l'enveloppe imperméable, celui de tous les agrès augmentent avec la force ascensionnelle de l'appareil ; la résistance à la marche en avant augmente aussi, ce qui force à employer un moteur plus puissant. Les difficultés de construction s'accroissent avec les dimensions de l'aéronef : elles ne sont pourtant pas de nature à faire reculer nos ingénieurs. Tout compte fait, on a un avantage certain, au point de vue du rayon d'action et de l'altitude, à construire des ballons de gros cube, pour employer l'expression consacrée, et ce sont là, pour quelques années du moins, les véritables unités militaires des flottes aériennes.

Ainsi, jusqu'à une époque indéterminée qui n'est pas très éloignée, je l'espère, nous ne pouvons pas employer les aéroplanes comme aéronefs de guerre ; nous devons compter exclusivement sur les dirigeables, et sur les dirigeables de gros volume ; ceux-ci sont la solution du présent, les aéroplanes celle de l'avenir. Quant aux dirigeables de petites dimensions c'est-à-dire de trois à quatre mille mètres cubes, ils ne seront jamais des aéronefs militaires.

Section VII

Tout cela, on le savait depuis longtemps ; et, pendant que l'opinion publique s'enthousiasmait, avec raison, pour les aéroplanes, le ministère de la Guerre aurait dû s'en bien pénétrer. Tout en surveillant avec intérêt les progrès merveilleux des appareils plus lourds que l'air, son devoir était de constituer notre flotte aérienne avec des dirigeables de 8 à 10 000 mètres cubes. Le grand reproche qu'on peut lui faire, c'est d'avoir attendu plus de deux ans pour se convaincre de cette vérité.

Il est juste de dire qu'on ne manquait pas d'arguments pour appuyer l'opinion contraire : les dirigeables sont des engins très dispendieux, ils coûtent de 4 à 500 000 francs ; en y ajoutant les hangars nécessaires pour les abriter, les approvisionnements de toute nature qu'ils exigent, les frais d'entretien, ceux du personnel affecté à leur manœuvre, c'est une dépense d'au moins un million qu'il faut prévoir pour chaque unité. Un aéroplane, au contraire, coûte environ 250 000 francs ; on l'abrite dans un hangar de dimensions restreintes ; quelques hommes suffisent pour sa manœuvre et son entretien. C'est évidemment très séduisant ; ce le serait même tellement qu'il faudrait renoncer aux dirigeables si les aéroplanes possédaient actuellement les qualités militaires requises. Malheureusement, ils ne les ont pas encore, et leur infériorité durera jusqu'à une époque indéterminée. Il faut donc, quoi qu'il en coûte, se résigner à construire des dirigeables de guerre et à faire tous les sacrifices nécessaires, soit au point de vue financier, soit au point de vue personnel, pour assurer leur fonctionnement régulier. Il faut même en construire un nombre fort respectable, une vingtaine au moins ; c'est donc une dépense de vingt et quelques millions qu'on doit affecter à cet objet.

Si on avait commencé il y a deux ans, à une époque où, je le répète, on pouvait être fixé sur le but à atteindre et sur les moyens d'y arriver, nous aurions actuellement une flotte aérienne incomparable. Le rôle naturel du ministère de la Guerre était de diriger l'opinion, il a au contraire suivi lentement son impulsion. Tant qu'elle ne s'est pas émue de notre infériorité militaire aérienne, tant qu'elle s'est contentée de suivre avec intérêt les progrès des aéroplanes, il est resté inerte, et les sommes inscrites au budget pour l'aéronautique militaire étaient toujours les mêmes qu'il y a dix ou vingt ans. Sous la poussée de l'opinion publique, le Parlement s'est enfin décidé à intervenir, et il a forcé le ministère de la Guerre à sortir de sa trop longue inaction.

On se rappelle encore la vigoureuse interpellation faite au Sénat à la fin du mois de mars 1910 par le docteur Reymond. Elle paraît avoir abouti à un résultat effectif et, d'après ce que j'ai pu savoir officieusement, le ministère de la Guerre s'occupe activement aujourd'hui de l'organisation de notre flotte aérienne. Des commandes de dirigeables sont en cours d'exécution et des sommes importantes vont être affectées à ce service. Mieux vaut tard que jamais.

Section VIII

Toutefois, les dépenses faites et les travaux exécutés risqueraient d'être improductifs si, à côté de la question du matériel, on négligeait celle du personnel. Nos compagnies d'aérostiers ont été fondées il y a plus de vingt-cinq ans ; elles étaient au nombre de 4 affectées au service des ballons captifs et de quelques ballons libres de forteresses. Malgré tous les progrès de l'aéronautique, ces quatre compagnies existaient seules il y a quelques mois ; on vient enfin de se décider à en doubler le nombre. Mesure excellente, mais probablement insuffisante ; il faudra augmenter encore l'effectif de ces troupes spéciales.

Ainsi que le faisait si judicieusement remarquer le général Langlois, dans la discussion qui a suivi au Sénat l'interpellation du docteur Reymond, la France, avec sa natalité décroissante, ne peut pas espérer entretenir sous les armes et mobiliser en temps de guerre un effectif égal à celui de l'armée allemande. Nous devons donc compenser cette infériorité numérique en mettant à la disposition de notre armée toutes les ressources que fournissent la science et l'industrie contemporaines : pour nos adversaires, c'est une chose utile ; pour nous, c'est une nécessité de premier ordre. Que faut-il pour cela ? Le général Langlois l'a dit aussi. La France est le berceau de la plupart des découvertes, il nous suffit de savoir en profiter.

D'ailleurs, il ne faut pas s'exagérer la supériorité de la flotte aérienne de nos voisins. Si, au mois d'octobre 1909, ils ont pu mettre en ligne une véritable escadre de l'air, les manœuvres exécutés à cette époque, ou depuis, n'ont pas été irréprochables. Leurs dirigeables n'ont pas plus que les nôtres un rayon d'action suffisant, et les altitudes atteintes par eux sont inférieures à celles que nous avons obtenues. Mais, sachant aussi bien que nous qu'il suffit d'augmenter le volume des ballons pour leur donner ces qualités, ils ont déjà construit des ballons colossaux de 13 000 francs et davantage. Ces géants de l'atmosphère, à côté de leurs qualités, ont leurs défauts. Ils sont tous du type Zeppelin, c'est-à-dire du système rigide ; leur construction comporte l'emploi d'une carcasse en aluminium qui pèse plusieurs milliers de kilogrammes et qui nécessite pour être enlevée un volume de plusieurs milliers de mètres cubes supplémentaires. Cette portion du volume doit être déduite da la capacité totale des ballons si on veut les comparer à nos dirigeables, qui, comme on le sait, sont tous du système souple ou semi-rigide. Un Zeppelin de 13 000 mètres cubes qui porte une carcasse pesant cinq tonnes est équivalent à un ballon français mesurant 8 000 mètres cubes seulement ; et encore, nécessite-t-il pour s'élever à la même hauteur une projection de lest plus considérable. Il ne faut donc pas s'étonner si ces dirigeables ont toujours laissé à désirer au point de vue de l'altitude. D'ailleurs, les accidents nombreux dont ils ont été l'objet font ressortir chaque jour leurs inconvénients au point de vue pratique : il est probable que les Allemands renonceront à bref délai à ces sortes d'aéronefs.

Remarquons-le en passant : au moment de l'espèce d'affolement qui s'est produit à la fin de l'année dernière, on a dit que nous n'avions qu'une chose à faire, abandonner complètement nos procédés de construction et adopter le type Zeppelin. N'était-ce pas grâce à ce système que les Allemands avaient conquis la suprématie dans l'océan aérien ? Celle manière de voir était complètement inexacte, comme le sont d'ailleurs presque toujours les opinions exagérées.

Section IX

Mais s'il ne faut pas se faire une trop haute idée de la valeur des dirigeables allemands, il faut reconnaître la supériorité de l'organisation de nos voisins. Ils possèdent pour abriter leurs navires aériens des hangars admirablement aménagés ; ils ont constitué des approvisionne mens d'hydrogène comprimé et du matériel de rechange de toute nature. Pour s'en tenir à l'hydrogène qui constitue à lui seul la partie de beaucoup la plus importante de l'approvisionnement nécessaire, ils ont disposé à l'avance des réservoirs d'acier sur des wagons constituant des trains entiers ; ces trains sont tout formés ; il en existe dans un certain nombre de stations importantes, et, lorsqu'un aérostat dirigeable se trouve en détresse en un point quelconque du territoire, il n'a qu'à téléphoner pour demander un envoi d'hydrogène, et deux ou trois heures après, son ravitaillement est assuré. Les Allemands ont constitué également un personnel nombreux familiarisé avec les manœuvres aéronautiques ; toutefois, certains incidents semblent faire croire que ce personnel ne possède pas toujours les qualités nécessaires.

Quoi qu'il en soit, c'est pour notre administration militaire un devoir impérieux de réorganiser sur des bases nouvelles notre corps d'aérostiers. Il faut en augmenter l'effectif ; quanta son éducation professionnelle, nous sommes certains qu'elle ne laisse rien à désirer ; les excellentes traditions de ces troupes et leurs services antérieurs sont un sûr garant de ce qu'on peut attendre d'elles à l'avenir.

Rappelons à ce propos quelques faits à l'actif de nos aérostiers militaires. En 1894, une équipe manœuvrait à bras un ballon captif ; la force ascensionnelle de l'aérostat n'était équilibrée que par l'effort exercé par ces hommes dont chacun devait tirer sur une corde avec une force d'environ quinze kilogrammes. Au moment où la manœuvre s'exécutait, une détonation violente retentit ; un hangar situé à 200 mètres environ sembla se soulever loin du sol, et de ce point partirent des projectiles de toute nature, tuiles, débris de bois, morceaux d'acier dont quelques-uns venaient rouler jusqu'aux pieds des aérostiers. Dans ce hangar qui renfermait un approvisionnement considérable d'hydrogène sous pression, l'un des récipients venait de faire explosion et d'occasionner tout ce désastre. Sous l'influence d'une émotion bien naturelle, les mains des aérostiers se seraient ouvertes, et le ballon se serait échappé qu'on n'aurait pas eu grand reproche à leur faire ; mais il n'en fut pas ainsi, les hommes tinrent bon, et, après quelques secondes d'hésitation, l'officier continua la manœuvre et fit rentrer le ballon en lieu sûr. Alors seulement on s'occupa d'aller constater les dégâts de l'explosion.

Sans nous étendre en détail sur les qualités des aérostiers, rappelons qu'ils parviennent couramment à gonfler et à mettre en position d'ascension, en moins d'une demi-heure, un ballon captif plié en paquet dans sa voiture de transport ; qu'ils ont, il y a un an, maintenu campé en plein air, par de véritables bourrasques, un dirigeable de plusieurs milliers de mètres cubes, et cela pendant quinze jours de suite. On peut tout attendre de troupes semblables. Notre personnel n'a donc besoin que d'être complété. Quant au matériel, il faut le constituer en commandant un nombre suffisant de gros dirigeables ; mais il ne faut pas oublier qu'à côté de l'aéronef lui-même, on doit penser à tout ce qui est nécessaire à sa manœuvre, notamment aux grands hangars pour l'abriter, aux usines pour fabriquer l'hydrogène et aux approvisionnements de toute nature.

Chaque hangar avec le terrain qui l'environne et les appareils dont il est pourvu constitue un port pouvant servir à la fois d'escale et de lieu de ravitaillement aux dirigeables de notre armée. Ces ports aériens doivent être établis en nombre suffisant, dans des emplacements fixés par l'état-major général d'après des considérations stratégiques. Il vaut mieux, si on dispose de crédits limités, réduire d'une ou deux unités le nombre de nos dirigeables, mais donner à chacun d'eux ce qui lui est nécessaire. Cette vérité, qu'on ne comprend pas toujours en France, n'est pas spéciale à l'aéronautique : elle s'applique à toutes les organisations possibles. Il vaut mieux avoir huit unités bien pourvues, que d'en avoir douze ou quinze manquant de tout et par conséquent inutilisables.

Au point de vue personnel, je n'ai parlé jusqu'ici que des aérostiers proprement dits, c'est-à-dire des troupes chargées de faire à terre la manœuvre de nos navires aériens : il faut aussi songer à l'équipage de ces navires qui doit comprendre des pilotes et des mécaniciens. L'instruction de ces derniers ressemble, sauf quelques détails, à celle de tous les mécaniciens ; quant aux pilotes, il leur faut évidemment un apprentissage spécial.

Indépendamment de ce personnel technique, les équipages de nos aéronefs doivent comprendre des observateurs. Ceux-ci ne peuvent être recrutés que parmi les officiers d'état-major ; ils doivent avoir la connaissance parfaite de toutes les formations et de tous les mouvements des troupes ; de plus, ils doivent posséder personnellement la confiance du général qui les envoie, afin qu'il attache aux résultats de leurs reconnaissances aériennes l'importance qu'ils méritent. Ce serait une erreur de croire qu'il suffit d'embarquer un officier d'état-major à bord d'un dirigeable pour qu'il devienne instantanément un bon observateur. Pour qu'il en soit ainsi, il faut encore qu'il se trouve parfaitement à son aise au sein de l'atmosphère, et qu'il puisse du haut de la nacelle observer avec autant de tranquillité que s'il était installé sur la terre ferme. Cela ne s'acquiert pas en un jour ; il y a même des natures absolument rebelles aux voyages aériens et incapables de se trouver jamais en l'air tout à fait à leur aise. L'expérience prouve que, sur quatre ou cinq personnes, une est dans ce cas. Les officiers qui présentent ces inaptitudes naturelles sont impropres aux observations aériennes. Quant aux autres, il faut leur donner l'habitude de l'atmosphère, et plusieurs moyens peuvent y servir ; mais le plus économique est certainement l'exécution d'ascensions dans de simples ballons libres.

A tout prendre, il n'est ni très difficile, ni très coûteux de former un personnel d'officiers observateurs pour nos dirigeables ; il suffit pour arriver à un bon résultat d'avoir la ferme intention de l'obtenir.

Puisque nous parlons de ces questions de personnel, disons un mot d'une querelle bien mesquine, qui a divisé et qui divise peut-être encore malheureusement les dirigeants de notre armée. Doit-on confier le service de l'aérostation à l'artillerie ou au génie ? J'avoue que la question me laisse froid. Que le service aéronautique soit rattaché à la troisième ou à la quatrième direction du ministère de la Guerre, peu importe. L'essentiel est que ceux qui ont à s'en occuper s'intéressent réellement à ce service, et ne soient pas la proie du « scepticisme officiel » dénoncé par le général Langlois.

Mais ce qui était inadmissible, c'est que le service fût partagé comme il l'était il y a encore quelques semaines : les ballons libres, captifs ou dirigeables, et une partie des aéroplanes dépendaient du directeur du génie au ministère de la Guerre, tandis que le reste des aéroplanes dépendaient du directeur de l'artillerie.

Nous avons toujours eu la manie de ces divisions néfastes ; pendant près de cent ans nous avons possédé des pontonniers du génie et des pontonniers de l'artillerie. Les uns faisaient les ponts de bateaux, les autres les ponts de chevalets, si bien que lorsqu'un général en chef désirait faire franchir un cours d'eau à ses troupes et qu'il s'adressait au génie pour faire construire un pont, on lui répondait parfois que la rivière était trop profonde pour qu'on pût employer les chevalets ; il recourait alors à l'artillerie qui lui répondait que le courant était trop rapide pour permettre l'emploi des bateaux. On perdait ainsi des heures et souvent des journées précieuses.

On avait eu le grand tort de commettre la même faute en aéronautique militaire. Je crois savoir qu'à l'heure actuelle on est revenu à de meilleures conceptions, et que l'on est sur le point de se décidera placer le nouveau service sous une autorité unique et responsable qui coordonne les efforts de tous vers un but commun. On ne saurait trop applaudir à cette réforme.

D'ailleurs, lorsqu'il s'agit d'une chose aussi nouvelle que le sont aujourd'hui les dirigeables ou les aéroplanes, il faut faire appel à toutes les bonnes volontés. Je voudrais donc, — et c'est l'avis des plus éminents généraux de notre armée, — que le service aéronautique fût ouvert à toutes les capacités possibles. Que l'on soit, d'origine, fantassin, cavalier, artilleur ou sapeur, si l'on possède les aptitudes nécessaires, rien ne doit s'opposer à ce qu'on devienne pilote d'aéroplane, mécanicien de dirigeable ou observateur aérien. Il faudrait donc ouvrir largement les portes du nouveau service, ce qui n'empêcherait pas d'ailleurs de lui donner de l'homogénéité en concentrant fortement dans la main d'un même chef tout le personnel dirigeant.

Section X

Je crois avoir démontré que, pour le moment, les véritables navires aériens, les seuls qui puissent rendre complètement les services qu'on attend d'eux, sont des dirigeables d'au moins 8 000 mètres cubes de volume. Est-ce à dire que tous les autres aéronefs doivent être irrévocablement proscrits ? Non certes ; on ne sera pas toujours placé dans la nécessité de se tenir à 1 500 mètres de hauteur, et d'effectuer des circuits de 600 kilomètres. Dans des cas assez nombreux où les exigences seront réduites sous le double rapport de l'altitude et du rayon d'action, les petits dirigeables et les aéroplanes sont dès maintenant susceptibles de rendre des services. On ne doit donc pas les décourager. Néanmoins, on peut dire que les petits dirigeables ne joueront jamais qu'un rôle accessoire : on pourra surtout les charger d'un service de courrier et de liaison entre les grandes unités.

Quant aux aéroplanes, sans même attendre l'époque où ils seront devenus de véritables aéronefs militaires, ils pourront rendre certains services, et comme ils sont en voie d'évolution et de progrès rapide, ces services augmenteront tous les jours. Ce serait donc une faute très grave que de s'en désintéresser. Plus leurs vols se multiplieront, plus le nombre des pilotes augmentera, plus on hâtera l'époque où ils pourront rendre, dans des conditions beaucoup plus économiques, les services que nous sommes obligés de demander aujourd'hui aux dirigeables de gros volume. C'est donc avec raison que le ministère de la Guerre encourage, parmi les officiers, la pratique de l'aviation.

Tout le monde a applaudi au raid aérien du capitaine Marconnet et du lieutenant Féquant qui, au mois de juin de cette année, se sont rendus en aéroplane du camp de Châlons au polygone de Vincennes.

Cet exploit n'est pas un fait isolé, car nous venons de voir, il y a quelques jours, les voyages remarquables exécutés par nos officiers-aviateurs à l'occasion du circuit de l'Est.

J'ai signalé au début toute l'importance de ces résultats ; je me borne à les rappeler ici, car c'est une preuve de l'efficacité des mesures prises pour la formation de nos officiers-aviateurs.

Nous sommes donc certains, dès maintenant, que lorsque les aéroplanes auront atteint le degré de perfection qui leur permettra de se substituer aux ballons dirigeables, le personnel se trouvera constitué et parfaitement exercé. Dès aujourd'hui, tels qu'ils sont, on peut attendre deux des services très appréciables, et les dirigeables peuvent dès maintenant avoir à compter avec eux.

Section XI

L'émotion que nous avons éprouvée dans l'automne de 1909 et depuis a, somme toute, été salutaire ; elle a ouvert nos yeux sur la nécessité où nous nous trouvions de faire des efforts sérieux pour maintenir et même pour reconquérir notre suprématie aérienne ;

mais il faut bien se convaincre que ce n'est pas au point de vue technique que nos voisins ont pu démontrer leur supériorité. Nos dirigeables valent largement les leurs. Quant aux aéroplanes, si l'on en excepte ceux de Wright, il n'y a que des modèles français ; les appareils d'origine étrangère sont la copie presque servile de nos monoplans ou de nos biplans. L'habileté de nos pilotes est hors de pair, et, jusqu'à présent, ce ne sont pas des aviateurs allemands qui peuvent leur enlever le premier rang. Notre infériorité est avant tout une question d'effectif et surtout d'organisation. Par suite de circonstances malheureuses et aussi de négligence, le nombre de nos unités aériennes s'est trouvé inférieur à celui des aéronefs allemands. Le remède à cette situation est une simple question d'argent. La France est assez riche pour faire l'effort financier nécessaire, et on est en droit d'espérer qu'on n'hésitera pas plus longtemps.

Quant à l'organisation matérielle, nous devons, sans hésiter, imiter ce qu'il y a de bon chez nos voisins. Lorsque nous aurons édifié, partout où besoin sera, des hangars abris dotés de tout le matériel nécessaire et assuré le transport de l'hydrogène comprimé avec la même perfection que les Allemands, nous n'aurons rien à leur envier.

Il nous suffira de prendre les mesures administratives nécessaires, en concentrant sous une même autorité notre personnel d'aéronautique militaire, et nous aurons sans peine, grâce à ces moyens, la première flotte aérienne du monde.

Voilà pour le présent.

Pour l'avenir, n'oublions pas un seul instant les aéroplanes ; suivons leurs progrès avec attention ; chacun de ces progrès nous rapprochera du jour où ils pourront constituer la majorité, sinon la totalité de notre flotte aérienne. Mais ne nous hâtons pas de croire ce moment arrivé, et, tant qu'il ne sera pas bien démontré que les aéroplanes constituent des aéronefs de guerre irréprochables, continuons à entretenir, quoi qu'il en coûte, notre flotte de gros dirigeables.

Tels sont les principes dont, je l'espère, les chefs de notre armée sont bien convaincus aujourd'hui. Il est à souhaiter qu'ils s'y attachent fermement, et ne se laissent pas influencer par les fluctuations de l'opinion publique, toujours prompte, en France, à tirer des incidents de chaque jour des conclusions exagérées. Fixité dans les principes et confiance dans leur valeur, voilà surtout ce qui nous a manqué dans le passé. C'est ce qui a amené la crise que nous venons de traverser et dont, il faut l'espérer, nous sommes sur le point de sortir à notre honneur.

ISBN : 978-1979836661

www.ingramcontent.com/pod-product-compliance
Lightning Source LLC
Chambersburg PA
CBHW071222240526
45470CB00018B/2208